Bibliografische Information der Deutschen Nationalbibliothek:

Die Deutsche Bibliothek verzeichnet diese Publikation in der Deutschen National-
bibliografie; detaillierte bibliografische Daten sind im Internet über http://dnb.d-
nb.de/ abrufbar.

Impressum:

Copyright © 2017 GRIN Verlag, Open Publishing GmbH
Druck und Bindung: Books on Demand GmbH, Norderstedt Germany
ISBN: 9783668459724

Dieses Buch bei GRIN:

http://www.grin.com/de/e-book/367415/kompetenzoperatoren-und-w-fragen-im-
vergleich-chemie-und-philosophieunterricht

Christoph Höveler

Kompetenzoperatoren und W-Fragen im Vergleich. Chemie- und Philosophieunterricht im Praxissemester

GRIN Verlag

GRIN - Your knowledge has value

Der GRIN Verlag publiziert seit 1998 wissenschaftliche Arbeiten von Studenten, Hochschullehrern und anderen Akademikern als eBook und gedrucktes Buch. Die Verlagswebsite www.grin.com ist die ideale Plattform zur Veröffentlichung von Hausarbeiten, Abschlussarbeiten, wissenschaftlichen Aufsätzen, Dissertationen und Fachbüchern.

Besuchen Sie uns im Internet:

http://www.grin.com/

http://www.facebook.com/grincom

http://www.twitter.com/grin_com

SAMMELMAPPE

PRAXISSEMESTER

Kompetenzoperatoren und W-Fragen im Vergleich

18. MÄRZ 2017

CHRISTOPH HÖVELER
Med 11: Chemie / Praktische Philosophie

4. Master-Semester

MAP - Vorbereitungs- und Begleitveranstaltung zum Praxissemester, Tausch / Franken

Inhaltsverzeichnis

Einleitung

Verortung der Sammelmappe

Diese Sammelmappe umfasst verschiedene Ebenen der Selbstreflexion bezogen auf den Unterricht sowie das eigenen Lehrerhandeln. Diese Reflexion fand vor, während und nach dem Praxissemester statt und wird hier folgend zusammengefasst wiedergegeben.

Neben diesem Hauptanliegen die eigene Professionalität zu analysieren und zu bearbeiten bildet das Studienprojekt den zweiten wichtigen Teil dieser Arbeit. In diesem Abschnitt wird sowohl eine eigens durchgeführte Studie vorgestellt und ausgewertet sowie die Ergebnisse und Erfahrungen mit denen der wissenschaftlichen Literatur verglichen und bewertet.

Abschließend sei noch zu erwähnen, dass diese Sammelmappe auch Teil einer Studienleistung im Rahmen des Praxissemesters darstellt und über den erfolgreichen Abschluss ebendieses entscheidet.

Beschreibung der Schule

Bei der von mir besuchten Schule handelt es sich um eine Gesamtschule im eher ländlichen Umfeld mit entsprechend großem Einzugsgebiet. Auf der offiziellen Homepage wirbt die Schule mit einem Wir-Gefühl und distanziert sich sogleich von der Verantwortlichkeit einzelner im Lehr-Lernbetrieb. Dieses Miteinander zeigt sich demnach auch in den regelmäßigen gemeinsamen Festen, Theaterveranstaltungen und Ausstellungen, sowie die fortwährende Bereitschaft internationale Partnerschulen und Schüler dieser Schulen zu unterstützen bzw. einzuladen.

Auch das beim Lernprozess wird auf die gleichmäßig verteilte Verantwortung verwiesen. Hier wird allerdings ausdrücklich von den Schülerinnen und Schülern[1] Interesse, Neugier, Anstrengungsbereitschaft und Ausdauer gefordert. Zusätzlich erwartet die Schule von den Eltern eine Unterstützung der schulischen Entwicklung.

Die Lernatmosphäre lässt sich mit einer Stimmung der geistigen Offenheit und Neugier, gegenseitiger Achtung und Toleranz sowie Vorurteilsfreiheit, laut dem Schulprogramm, beschreiben. Dieses soziale Verantwortungsbewusstsein fordert die stetig während Optimierung des pädagogischen Handelns, dementsprechend widmet sich die Schule seit ihrer Gründung 1990 dem Integrations- und seit 1997 sogar dem Inklusionsgedanken und fördert die Werteerziehung der SuS mithilfe verschiedener sozialer Projekte.

Die Architektur des Schulgebäudes spiegelt diesen modernen Fortschrittgeist ebenso wieder wie auch das Engagement Lehrkräfte weit über den Dienstplan hinaus. Auf zwei Schulhöfen gliedert sich das Gebäude in mehrere Häuser für die einzelnen Jahrgansstufen auf. Im Zentrum steht das

---

[1] Folgend abgekürzt als: SuS

Haupthaus, welches neben der Schulleitung und der Mensa auch über ein Solarhaus mit verschiedenster Botanik beheimatet. Seit dem Jahr 2016 befindet sich in nahezu allen Kurs- und Fachräumen der Schule ein internetfähiges Whiteboard mit integriertem Touchscreen.

An dieser Gesamtschule sorgen ca. 130 Lehrkräfte dafür, dass rund 1300 SuS eine gute Bildung erhalten.

Persönliche Verortung

Nach den Vorbereitungskursen, aber noch vor dem praktischen Antritt an der Schule habe ich mich auf die kommende Zeit gefreut. Zwar hatte ich schon verschiedene Eindrücke von Schulen aus der Region im Laufe des Bachelorstudiums sammeln können (Eignungspraktikum, Orientierungspraktikum, Berufsfeldpraktikum von je 1 Monat Länge) und auch ein paar Male unterrichten dürfen, doch fehlte bislang der über einem längeren Zeitraum aufbauende Kontakt zu den SuS. So konnte ich bis dato bereits erfahren, ob mir das Gefühl vor rund 30 SuS zu stehen und zu lehren liegt oder nicht, doch das Gefühl „Lehrer" zu werden (oder zu sein) blieb aus. Ebenso auf der Strecke geblieben ist die Unterrichtsplanung. Meine anfänglichen Versuche waren mehr oder weniger spontan und intuitiv erfolgt, was aber am eigenen Wohlbefinden gekratzt hat.

Deswegen freute ich mich umso mehr genau diese Bedingungen nun im Praxissemester erforschen zu können. Besonders interessiert hat mich, inwiefern, wenn überhaupt, sich das Verhältnis von Lehrperson und SuS im Laufe von einigen Monaten verändert. Und ob sich dementsprechend auch der Unterricht anpasst/verändert. Neben diesem sozialen Aspekt von Schule war es mir ein Anliegen konkrete Aufgabenstellungen und Anweisungen zu analysieren. Gerade der bildungswissenschaftliche Teil meiner bisherigen Ausbildung war stets sehr bedacht auf den Einsatz von sogenannten Kompetenzoperatoren, da diese wohl nachweislich die Entwicklung von Fähigkeiten und Fertigkeiten der SuS unterstützen und allgemein für eine bessere Verständigung sorgen. Da diese Umstellung quasi während meiner universitären Bildung vollzogen wurde, war meine schulische Laufbahn zum großen Teil noch von den sogenannten W-Fragen geprägt. Aus diesem eher persönlichen Grund ist mein Interesse an dem später aufgemachten Forschungsfeld entstanden.

Tabellarischer Stundenplan

	Von...bis...	Montag	Dienstag	Mittwoch	Donnerstag	Freitag
1. Stunde	8.00 - 9.08	9.Klasse Chemie (Grundkurs)		9.Klasse Chemie („E"-Kurs)[2]	8. Klasse Praktische Philosophie	10. Klasse Praktische Philosophie
2. Stunde	9.13 - 10.20				9.Klasse Chemie („E"-Kurs)	
3. Stunde	10.50 - 11.58	7.Klasse Chemie		10.Klasse Chemie ((„E"-Kurs)	7.Klasse Chemie	6. Klasse Praktische Philosophie
4. Stunde	12.03 - 13.10					
5. Stunde	13.15 - 14.23	5. Klasse Praktische Philosophie				
6. Stunde	14.28 - 15.35	7.Klasse Chemie				

Studienprojekt

Die Ergebnisse von internationalen und nationalen Schulleistungsstudien, insbesondere von TIMMS und PISA, sowie die anhaltende durch die Bildungsforschung gestützte Qualitätsdiskussion bewirkten einen Wandel im deutschen Bildungssystem[3], welcher sukzessiv von den einzelnen Bundesländern umgesetzt wurde. So wurde nach u.a. PISA ein umfassendes System der Standardisierung sowohl im Bereich der Lehre als auch der Überprüfung ebendieser aufgebaut. Neben der Entwicklung von Vergleichsarbeiten und zentralen Prüfungen am Ende der 10. Klasse und dem Zentralabitur wurden auch die Lehrpläne grundlegend überarbeitet. Die lernzielorientierten Pläne wurden mittlerweile in allen Fächern durch kompetenzorientierte Kernlehrpläne abgelöst, welche auf Länderebene die Bildungsstandards der Kultusministerkonferenz umsetzen. Diese Umsetzung erfolgte in Nordrhein-Westfalen seit dem Jahr 2004.

---

[2] „E"-Kurs für Erweiterungskurs
[3] Vgl. Neumann, Professionswissen als Zentrum der Diskurse über Lehrerbildung, Seite 269

Diese Neugestaltung brachte zum einen klar formulierte fachliche Anforderungen, welche als Ergebnis schulischer Arbeit zu erreichen sind. Zum anderen gewannen die Lehrerinnen und Lehrer an Freiheit in der Art und Weise ihrer Unterrichtsgestaltung. Diese Freiheit verpflichtete die Fachlehrerkonferenzen den „leeren Rahmen" des Kernlehrplans zu konkretisieren. Die so entstandenen schulinternen Lehrpläne beachten deswegen die jeweiligen Gegebenheiten, wie z.B. die realen Lernbedingungen.[4]

Die Reformulierung der Lehrpläne war ein zentrales Element für die Entwicklung und Sicherung der Qualität schulischer Arbeit, weil sie allen beteiligten Orientierung über die Kompetenzen, welche zu einem bestimmten Zeitpunkt erreicht sein sollten Auskunft geben. Daher beschreiben die Kernlehrpläne ein Abschlussprofil am Ende der Sekundarstufe 1 und beschreiben Meilensteine, bzw. Kompetenzerwartungen, welche zum Ende eines jeden Schuljahres erreicht sein sollte. Diese Kompetenzerwartungen erlauben eine Reflexion und Beurteilung der erreichten Ergebnisse sowohl innerschulisch als auch interschulisch.[5] Einhergehend mit modifizierten Lehrplänen und standardisierten Erwartungen wurden auch die Aufgabenstellungen angeglichen. Hierzu wurden für viele Fächer, bzw. verwandte Fächer, Listen mit Operatoren aufgestellt. Diese Operatoren sollen das klassische Fragen mittels „Wieso?, Warum?, Was? Wann?" usw. ablösen. An diese Stelle traten Begrifflichkeiten wie z.B. „auswerten, diskutieren oder verallgemeinern". Dies sollte zum einem die Einheitlichkeit und damit Vergleichbarkeit von Ergebnissen sicherstellen und zum andern den Anforderungsbereich von Aufgaben transparenter gestalten. Um den Übergang zu erleichtern wurde zu jedem dieser Begriffe eine Definition aufgestellt. So bedeutet „anwenden" allgemein: „einen bekannten Zusammenhang oder eine bekannte Methode auf einen anderen Sachverhalt beziehen" und in der Chemie beispielsweise „Wenden Sie den Mechanismus der Halbacetal-/Acetalbildung auf die beiden Monosaccharide an.[6] Eine komplette Aufzählung der 32 für die naturwissenschaftlichen dienlichen Operatoren findet sich im Anhang.

Benennung der Forscherfrage

Nachdem mein persönliches Interesse an diesem Thema dargelegt wurde folgt nun die genaue Beschreibung der in diesem Bericht zu erarbeiteten Fragestellung. Im ersten Schritt meiner Untersuchung möchte ich herausfinden, inwieweit die neu eingeführten Kompetenzoperatoren im Rahmen von wirklichem Unterricht Verwendung finden. Dabei ist in diesem Schritt der Beobachtungsbereich sowohl auf schriftlich fixierte Aufgabenstellungen als auch auf mündlich erteilte Anweisungen gerichtet. Diese Analyse geschieht in Abgrenzung von klassischen W-Fragen.

---

[4] Vgl. Vorwort von Sylvia Löhrmann zum Kernlehrplan Chemie, Seite 3-4
[5] Vgl. Vorbemerkung zum Kernlehrplan Chemie, Seite 7-8
[6] Operatorenliste Naturwissenschaften (Physik, Biologie, Chemie), Stand Februar 2013

Dementsprechend lautet hier die zentrale Frage: „Findet ein Einsatz von Operatoren im schulischen Alltag statt?".

Nachdem diese grundsätzliche Frage beantwortet wurde, folgt eine 2. Erhebung, welche sich der konkreten Anwendung widmet. Gerade weil die klassischen W-Fragen in ihrer Genauigkeit und somit Effizienz kritisiert und schließlich abgelöst wurden, stellt sich hier die Frage nach der Wirkung der Operatoren auf die SuS. Da die Schülerschaft der unmittelbare Adressat der Operatoren ist, wird sich die zweite Untersuchung der Auffassung und dem Verständnis der SuS zuwenden. Daher lautet die eigentlich im Fokus dieser Arbeit stehende Forscherfrage „Wie wirkt sich der Einsatz von Kompetenzoperatoren auf die Test-Leistungen der Schülerinnen und Schüler aus?". Dieser Überprüfung werden Ergebnisse aus klassischen Tests gegenübergestellt um eine Vergleichbarkeit zu schaffen.

Forschungssetting und Beschreibung der Erhebung

Dieser Grundlage bildende Teil dieses Forschungsprojekt widmet sich der Fremdbeobachtung. Dabei wird die Perspektive „Lehrerhandeln" mit dem Beobachtungsfeld „Steuerung durch Fragen, Impulse, Vermittlungshilfen" eingenommen. [7]

Da es sich hierbei um eine quantitative Beobachtung handelt ist mein gewähltes Beobachtungsinstrument eine Strichliste. Hierzu dient mir ein selbst erstellter Erfassungsbogen, welcher sich im Anhang wiederfindet. Bei dieser Beobachtung wird die verbale wie auch schriftliche Verwendung von Operatoren aus der zuvor genannten Liste gezählt, sowie der Einsatz von sogenannten W-Fragen. Dabei mache ich keinen Unterschied ob der Einsatz explizit durch die Lehrperson gemacht wird, oder diese auf eine Aufgabe im Schulbuch verweist. Um eventuelle Besonderheiten festhalten zu können die sich unvorhersehbarer Weise im Unterricht ergeben könnten, wurde hierfür eine weitere Spalte auf dem Beobachtungsbogen eingerichtet.

Die Beobachtung lief über eine Dauer von 2 Wochen und umfasste sowohl die Fächer Chemie und praktische Philosophie verteilt über die Jahrgangsstufen 5. – 10 Klasse und 5 Lehrerinnen und Lehrer. Insgesamt wurden 20 Unterrichtsstunden analysiert. Die betroffenen Lehrpersonen wussten zwar von einer durch mich durchgeführten Beobachtung, das Ziel ebendieser war ihnen zu dem Zeitpunkt jedoch unbekannt, sodass die Forschung hierdurch nicht verzehrt wurde.

---

[7] Vgl. Skript „Forschung in der Lehrerbildung" Neugebauer, Stand 03-2016, Seite 4

Beobachtungsergebnisse

In den zwei Wochen konnte ich insgesamt 106 Arbeitsaufträge registrieren, wovon sich 69 Operatoren bedienten und 37 klassischen Fragestellungen. Demnach liegt eine Verteilung von 65% zu 35% vor, sprich 2 von 3 Arbeitsaufträgen wurden mittels Operatoren vermittelt.

Auffallend war dabei der Einsatz der klassischen Methode. Diese fand vor allem bei Rückfragen durch die SuS ihren Einsatz. Um gezielt SuS eine Hilfestellung beim Verständnis der Aufgaben zu gewähren, griffen 3 Lehrkräfte auf eben diese Art und Weise zurück.

Außerdem muss bei diesen Zahlenwerten darauf hingewiesen werden, dass beinahe alle Aufgabenstellungen welche in etwaigen Büchern standen, Operatoren enthielten.

Beobachtungsergebnisse

In den zwei Wochen konnte ich insgesamt 106 Arbeitsaufträge registrieren, wovon sich 69 Operatoren bedienten und 37 klassischen Fragestellungen. Demnach liegt eine Verteilung von 65% zu 35% vor, sprich 2 von 3 Arbeitsaufträgen wurden mittels Operatoren vermittelt.

Auffallend war dabei der Einsatz der klassischen Methode. Diese fand vor allem bei Rückfragen durch die SuS ihren Einsatz. Um gezielt SuS eine Hilfestellung beim Verständnis der Aufgaben zu gewähren, griffen 3 Lehrkräfte auf eben diese Art und Weise zurück.

Außerdem muss bei diesen Zahlenwerten darauf hingewiesen werden, dass beinahe alle Aufgabenstellungen welche in etwaigen Büchern standen, Operatoren enthielten.

Zwischenreflexion

Entgegen meiner Vermutung von einem eher ausgeglichenen Verhältnis überwiegt der Einsatz von Operatoren im heutigen Unterrichtsalltag drastisch. Zum einen kommt dieses Ergebnis aufgrund der Schulbuchverlage zustande, da diese ihre Werke entsprechend angepasst haben. Zum anderen scheint der Gebrauch von einigen Begriffen z.B. „erkläre" unmittelbar mit der Frage nach dem „Warum?" zu kongruieren. So gesehen bestand damit die Hilfestellung der Lehrkraft nur in einer Re-Formulierung der Aufgabe.

Diese direkte Beziehung zwischen einzelnen Operatoren und ihrer „Übersetzung" in W-Fragen drängt die Frage auf, in wieweit die Kompetenzorientierung für die leistungsschwächeren SuS ein Hindernis darstellt.

Hier sei kurz zu diskutieren, inwieweit Lehrkräfte das sprachliche Vermögen, insbesondre Kinder mit Migrationshintergrund einschätzen können, um so eine wirklich adäquate Hilfe zu ermöglichen. Die gemeinhin vertretene Behauptung[8], diese Leistung könnten Lehrkräfte nicht aufbringen muss an dieser Stelle abgelehnt werden. Es konnte festgestellt werden, dass Lehrer und Erzieher die sprachlichen Kompetenzen von Kindern mit Migrationshintergrund eher präziser feststellen können als bei Kindern ohne Migrationshintergrund. Als eine mögliche Erklärung hierfür wird die intensive sprachliche Förderung aller Kinder im Kindergarten angeführt. Allerdings ließ sich auch feststellen, dass die Lehrkräfte auf sprachliche Fähigkeiten bei Kindern mit Migrationshintergrund verstärkt achten. Etwaige Mängel bei Kindern ohne Migrationshintergrund werden durch den schwächeren Fokus öfters übersehen, wodurch, unter anderem, diese Behauptung entstand. [9]

Im Folgenden möchte ich nun untersuchen, wie sich der Einsatz von gebräuchlichen Operatoren auf die Leistungen der SuS auswirkt. Sind die Definitionen bekannt? Gestalten sie den Erwartungshorizont transparenter und welche Auswirkungen kann der Gebrauch auf leistungsschwächere SuS haben?

2. Erhebung und Auswertung

In dieser zweiten Erhebung soll nun mithilfe der Forschungsmethode „Test" herausgefunden werden, wie sich die Antworten der Schülerschaft unterscheidet, wenn man Operatoren anstatt W-Fragen stellt. Hierzu habe ich 2 Chemiekurse aus der 7. Klasse ausgewählt. Beide Kurse befinden sich im ersten Lernjahr Chemie und bearbeiten sowohl methodisch als auch inhaltlich dasselbe Thema, „Stoffe und ihre Eigenschaften".

Die SuS haben über 4 Wochen hinweg an insgesamt 6 verschiedenen Stationen in Kleingruppen selbstständig gearbeitet. Jede Station enthielt neben den Versuchsvorschriften und Vorgaben zur korrekten Protokollierung auch eine Auswertungshilfe. Am Ende einer jeder Unterrichtsstunde erfolgte eine Sicherung der Inhalte im Plenum. An allen Unterrichtsstunden war ich anwesend und konnte keine Abweichungen im Lernverlauf der beiden Gruppen erkennen. Daher entwarf ich einen kurzen Test, welcher zum einen die Leistung des Stationenlernens ermitteln sollte. Zum andern diente dieser Test als Vergleich zwischen Operatoren und W-Fragen. Die beiden Varianten des Tests finden sich im Anhang.

---

[8] Dollinger, Diagnosegenauigkeit von ErzieherInnen und LehrerInnen, Seite 142
[9] Ebd. Seite 147f.

Die Gruppe, welche den Test mit den W-Fragen erhielt[10], erreichte folgende Noten.

Gruppe W							Gesamt
Note	1	2	3	4	5	6	
Anzahl, bzw. absolute Häufigkeit	2	6	8	5	2	0	23
Relative Häufigkeit in Prozent	8,70%	26,09%	34,78%	21,74%	8,70%	0,00%	100,00%

Abbildung 1 Ergebnisse der Gruppe mit den klassischen Fragestellungen

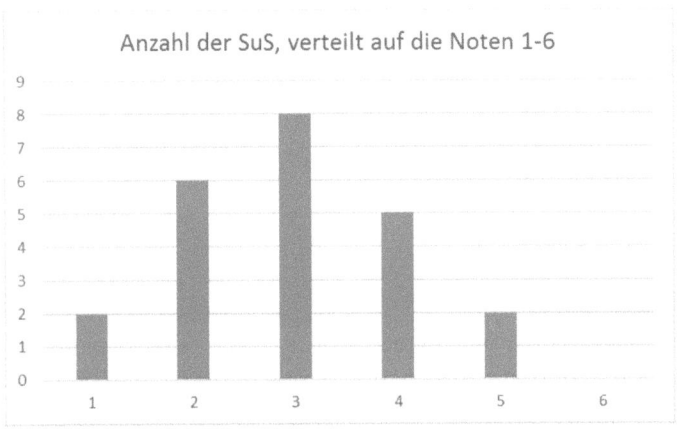

Abbildung 2 Notenspiegel der Gruppe "W"

An dem Test nahmen 23 SuS Teil und erreichten eine Durchschnitts Note von 3,0.

Die Operatoren-Gruppe[11]erzielte folgende Ergebnisse:

[10] Gruppe „W"

Gruppe W							Gesamt
Note	1	2	3	4	5	6	
Anzahl, bzw. absolute Häufigkeit	2	7	7	6	1	1	24
Relative Häufigkeit in Prozent	8,33%	29,17%	29,17%	25,00%	4,17%	4,17%	100,00%

Abbildung 3 Ergebnisse der Gruppe mit den Operatoren

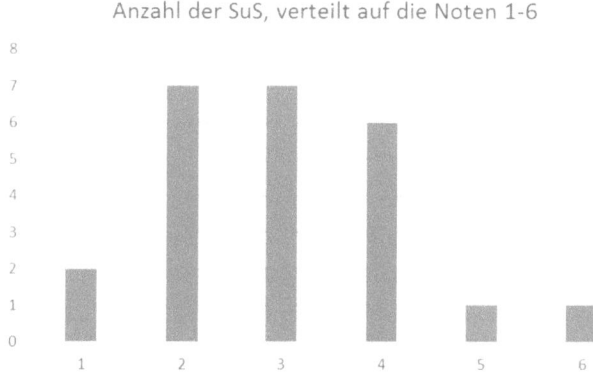

Anzahl der SuS, verteilt auf die Noten 1-6
8
7
6
5
4
3
2
1
0
1
2
3
4
5
6

Abbildung 4 Notenspiegel der Gruppe "O"

In dieser Gruppe nahmen 24 SuS teil bei einer Durchschnitts Note von 3,0.

[11] Gruppe „O“

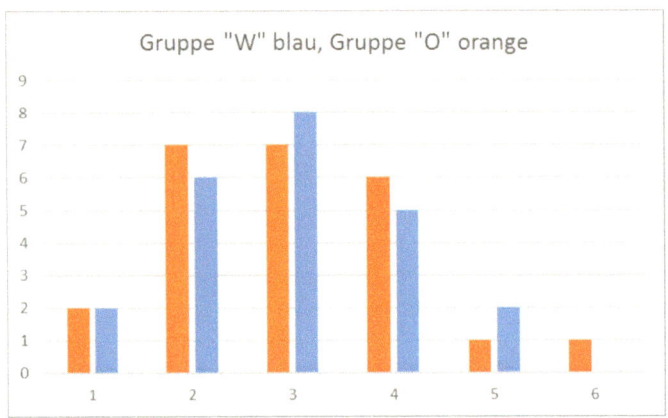

Abbildung 5 Beide Gruppenergebnisse im Vergleich

Beide Gruppen erzielten trotz der stark modifizierten Aufgabenstellungen ähnlich gute Ergebnisse. Sowohl der 2er als auch der 3er Bereich ist stark vertreten und nur wenige SuS konnten nur ausreichend oder mangelhaft abschneiden. Erschreckend ist jedoch, dass bei der Gruppe der Operatoren ein Schüler, bzw. eine Schülerin kein ausreichendes Ergebnis abliefern konnte. Diese kleine Abweichung ist aber im Vergleich zu den sonst sehr ähnlichen Noten nicht weiter von Relevanz.

Reflexion der Forschungsarbeit

Entgegen meinen im Vorfeld aufgestellten Überlegungen, dass die W-Fragen doch einfacher zu verstehen seien und daher geeigneter für SuS seien wurde dies mit dieser Untersuchung widerlegt. Vielmehr gibt dieses Ergebnis Grund zu der Annahme, dass die Formulierung von Bildungsstandards durch die Kultusministerkonferenz[12] sowie die Erarbeitung von Kernlehrplänen mitsamt den Operatoren eine andere Gewichtung innewohnt, als nur die bloße Optimierung von Transparenz und Prägnanz.

Vielmehr ist in diesem, in allen Bundesländern vollzogene Prozess, eine neue Orientierung von Unterricht auf einer Ebene der Vergleichbarkeit geschaffen worden. Die Schule soll einen Wissensaufbau über die Jahre gewährleisten, welcher sich in Kompetenzen verdeutlicht, welche essentiell für verschiedene Anforderungsbereiche sind, wie z.B. der Reproduktion, der Interpretation

---

[12] Kurz KMK

und dem Beurteilen. Um die Lernwirksamkeit von Unterricht zu verbessern wurde anstatt einer Verengung der Freiräume eine Weitung ebendieser beschlossen.[13] Daher gilt: „Ein Unterricht, der dazu beitragen will, die gewünschten Kompetenzen der Lernenden aufzubauen, muss also Lehrkräfte befähigen, Kompetenzmodelle zu entwerfen oder vorliegende zu durchdenken."[14]

Die Nachwirkungen von TIMMS- und PISA-Studien haben zu Veränderung gegebener Strukturen nach den Konzepten der Kompetenz- und Standardorientierung von Lehr-/Lernprozessen maßgeblich beigetragen. Die oft belächelten Forderungen nach Kompetenzen erscheinen aber gerade im Lichte der Operationalisierung von Bildung als zentrales Element. Daher müssen Kompetenzen auf das Gesamtgefüge hin beschrieben werden: „für den Unterricht und die Organisation von Lerngelegenheiten, für die Diagnose und Beurteilung von Leistungen der Lernenden (und das setzt nicht nur psychologische Diagnostik, sondern auch Fachkompetenz voraus, z.B. die Konstruktion guter Aufgaben), die Fähigkeit zur kollegialen Arbeit und zur Entwicklung der Schule als System, der Wahrnehmung der Möglichkeiten, mit anderen Experten im Feld zu kommunizieren, also zu wissen, was jenseits der eigenen Kompetenz und des Kerngeschäfts liegt."[15] Diese wertschätzende Definition und Beschreibung der Anwendung von Kompetenzen ist streng verknüpft mit dem Einsatz von Operatoren, und gilt sowohl für SuS als auch für Lehrerinnen und Lehrer. Erst durch sie wird eine Vergleichbarkeit inter- und intraschulisch, sowohl auf Schüler-, Lehrer- und Schulleitungsebene ermöglicht.

Dies zu erreichen wäre sicherlich auch über eine strenge Vorgabe für den Unterricht erreichbar gewesen. Diese Variante wäre aber sicher frustrierend aufgrund des geringen Gestaltungsspielraums der Lehrkräfte geworden. Die zuerst befremdlich wirkenden, relativ offen formulierten Lernziele alias Anforderungskompetenzen nach Klasse X scheint daher sowohl dem Anspruch der Qualitätssicherung und Steigerung nachzukommen und zugleich Lehrerinnen und Lehrer, sowie Schülerinnen und Schülern Gestaltungsräume zu eröffnen, um leistungsgerecht und interessengeleitet gemeinsam zu lehren und zu lernen.

Nach dem erproben der beiden Forschungsmethoden und der Auswertung bin ich insgesamt zufrieden. Ich konnte den Schwierigkeiten die ich in den Schulreformen gesehen habe a) durchleuchten, b) erforschen und c) deren Grundsätze durchdringen und verstehen. Sicherlich war gerade meine 2. Untersuchung nur ein stichprobenhaftes Abbild der Wirkung von Operatoren und W-Fragen. Dennoch reichte diese geringe Teilnehmerzahl aus um zu einem für mich sehr

---

[13] Vgl. Kiper, Lernen in Konzeptionen der Allgemeinen Didaktik, Seite 238
[14] Ebd. Seite 239
[15] Tenorth, Professionalität im Lehrerberuf, Seite 592

erstaunlichen Ergebnis zu gelangen. Des Weiteren hat die Literaturrecherche mir gezeigt, dass die Abkehr von klassischen Frageelementen nur untergeordnet dem Zweck einer besseren Aufgabenkultur verfolgte. Vielmehr ist es die Messbarmachung von Schülerleistungen und die Vergleichbarkeit der Lernwirksamkeit von Unterricht. Dies macht auch den „Trend" von „neuen Unterrichtsmethoden" verständlich. Erst durch den Bildungswandel, ausgelöst von der KMK 2004, wurde es möglich Unterricht wissenschaftlich auszuwerten.

Resümee

Selbstreflexion

Das Praxissemester hat mir in erster Linie gezeigt, dass mein angestrebter Bildungsabschluss und damit einhergehend meine berufliche Perspektive für mich passend sind. Sowohl im Chemieunterricht mit seinem experimentellen Anteil sowie der praktische Philosophieunterricht, der viel Fingerspitzengefühl bei bestimmten Themen fordert, fühle ich mich wohl. Leider habe ich aber auch gemerkt, dass meine fachliche Sicherheit gerade im Chemieunterricht durch mein bisheriges Studium nicht ausreichend gefestigt wurde. Die Anforderungen der Sekundarstufe 1 unterscheiden sich gravierend von denen der Sekundarstufe 2. Leider sind nur wenige Veranstaltung bislang dieser starken Divergenz gerecht geworden.

Außerdem habe ich für mich erkannt, dass die menschlich soziale Komponente dem Lehr- und Lernbetrieb erheblich aufwertet, wenn nicht gar zu seiner excellence verhelfen kann. Dieser Aspekt ist mir in meinen bisherigen Schulbesuchen aufgrund der geringen zeitlichen Verweildauer nicht so aufgefallen. Nach nun fast einem halben Jahr fast täglich an der Schule habe ich sowohl Kolleginnen und Kollegen kennen und schätzen gelernt sowie ein naives Gespür für das Klassenklima entdecken können. Gerade beim Abschied konnte ich selbst, sowohl an mir und an den Reaktionen der SuS erkennen, wie schwer dieser fällt. Diese Erfahrung gibt mir auf der einen Seite eine Menge Zuversicht und Vorfreude auf den Beruf und nimmt mir auf der anderen Seite meine Angst eine Klasse „leiten" zu müssen. Nach ein paar selbst gegeben Unterrichtsstunden konnte ich mit Erleichterung feststellen, wie sich ein reibungsloser Unterricht eingeschliffen hatte, nicht zuletzt, weil ich die SuS mit ihren individuellen Gegebenheiten kennenlernte und wertschätze und eben auch weil die SuS meine Eigenheiten und Fokusse auf das Unterrichtsgeschehen erkannten und akzeptierten.

Dementsprechend liegt für mich ein Schwerpunkt der Lehrertätigkeit, so wie sich das System Schule mir präsentiert hat, auf dem Kompetenzbereich „Erziehung". Diese Basis wirkt sich zentral auf jede Lehrer-Schüler, aber auch auf viele Schüler-Schüler Interaktionen aus. Das mir dieser Bereich so gut gefällt und aus meiner heutigen Sicht gut liegt habe ich im Vorfeld weder gekannt noch geahnt. Zwar habe ich noch Schwierigkeiten mit den „ganz kleinen", sprich 5.-6. Klasse, doch dies zeigt mir wiederrum das meine Entscheidung gegen die Grundschule und für die Sekundarstufe 1 richtig war.

Den Kompetenzbereich „Fach" muss ich wie bereits erwähnt spätestens zum Referendariat mir selbstständig erarbeiten, da meine fachliche, universitäre Ausbildung bereits erfolgt ist. Dem Einsatz von Methoden stehe ich neutral gegenüber. Ich kenne zwar viele verschiedene Methoden, habe aber auch meine eigenen Vorlieben, sowie auch die SuS eigene Vorstellung von Unterricht haben. Daher sehe ich den Methodeneinsatz als Diskurs zwischen Lehrkraft, SuS und fachlichen Thema.

Auch wenn ich viele Aspekte für ein professionelles Selbstkonzept noch nicht kennengelernt habe, wie zum Beispiel den Kompetenzbereich der Beratung, glaube ich doch, dass ich insgesamt zuversichtlich in das Referendariat starten kann. Ich sehe mich in keinem Kompetenzbereich als ausgelernt, gerade weil ich noch in mitten der Ausbildung bin und es unzählige Stellschrauben in der menschlichen Interaktion und Wissensvermittlung gibt, die optimiert und modifiziert werden könnten. Eine Vielzahl dieser Weichen wird, hoffentlich, die alltägliche Erfahrung stellen.

Ausblick

Auch wenn meine universitäre Ausbildung fast abgeschlossen ist, gibt es noch eine Menge zu lernen und zu verstehen. Zuallererst möchte ich mich, noch bevor das Referendariat startet, mit den fachlichen Grundlagen der Sekundarstufe 1 auseinandersetzen. Hierfür plane ich eine Analyse der gängigen Chemieschulbücher in NRW um die zentralen Schwerpunkte dann vertiefend erforschen zu können.

Während des Referendariats habe ich mir vorgenommen das Kompetenzfeld der Methoden zu erforschen. Gerade weil mir das Studium zwar eine große Anzahl von Unterrichtsmethoden vermittelt hat, muss ich für mich selbst herausfinden welche mir liegen, welcher Situation angemessen sind und wie die SuS diese bewerten. Auch letzteres möchte ich in Zukunft näher beachten. Die Meinung der SuS in Bezug auf effektiven und damit guten Unterricht möchte ich stärker als (üblich?) in meinen Unterricht einbringen. Der selbstständige und mündige Bürger ist auch ein Ziel das eine Lehrkraft zu vermitteln versucht. Durch uniformen und aufgesetzten Unterricht lässt sich dies jedoch nicht erreichen. Um dieser Ambivalenz zu entgehen möchte ich verschiedene Feedback-Methoden im Unterricht testen und die Freiräume der Unterrichtsgestaltung gemeinsam mit den SuS nutzen, um so einen möglichst effektiven als auch spannenden und interessanten Unterricht zu entwickeln.

Literaturangaben

Sonja **Dollinger**, Diagnosegenauigkeit von ErzieherInnen und LehrerInnen, Einschätzung schulrelevanter Kompetenzen in der Übergangsphase, erschienen im SpringerVS 2013

Heinz-Elmar **Tenorth**, Professionalität im Lehrerberuf, Ratlosigkeit der Theorie, gelingende Praxis. Erschienen in Zeitschrift für Erziehungswissenschaft, 9. Jahrg., Heft 4/2006, S. 580-597

Gert **Lohmann**, Mit Schülern klarkommen 11. Auflage 2014, stark gekürzte Zusammenfassung von I. Neugebauer, Stand 02.16

In ‚Bildung' jenseits pädagogischer Theoriebildung? Fragen zu Sinn, Zweck und Funktion der Allgemeinen Pädagogik, Festschrift für Reinhard Uhle zum 65. Geburtstag, herausgegeben von Detlef Gaus und Elmar Drieschner im VS Verlag:

-   Elmar **Drieschner**, Bildung als Selbstbildung oder Kompetenzentwicklung? Zur Ambivalenz von Kind- und Kontextorientierung in der frühpädagogischen Bildungsdebatte, Seite 183 - 220

-   Hanna **Kiper**, Lernen in Konzeptionen der Allgemeinen Didaktik. Eine kritische Analyse, Seite 221 - 242

-   Karl **Neumann**, Professionswissen als Zentrum der Diskurse über Lehrerbildung, Seite 269 – 282

Kernlehrplan für die Realschule in Nordrhein-Westfalen Chemie, von: http://www.schulentwicklung.nrw.de/lehrplaene/upload/klp_SI/RS/Chemie/RS_Chemie_Endfassung .pdf zuletzt aufgerufen am 23.03.17

Operatorenliste Naturwissenschaften (Physik, Biologie, Chemie) (Stand Februar 2013), von: http://www.kmk.org/fileadmin/Dateien/pdf/Bildung/Auslandsschulwesen/Kerncurriculum/Operator en_Ph_Ch_Bio_Februar_2013.pdf zuletzt aufgerufen am 23.03.17

BEI GRIN MACHT SICH IHR
WISSEN BEZAHLT

- Wir veröffentlichen Ihre Hausarbeit,
  Bachelor- und Masterarbeit

- Ihr eigenes eBook und Buch -
  weltweit in allen wichtigen Shops

- Verdienen Sie an jedem Verkauf

Jetzt bei www.GRIN.com hochladen
und kostenlos publizieren